BEI GRIN MACHT SICH IHR WISSEN BEZAHLT

- Wir veröffentlichen Ihre Hausarbeit, Bachelor- und Masterarbeit

- Ihr eigenes eBook und Buch - weltweit in allen wichtigen Shops

- Verdienen Sie an jedem Verkauf

Jetzt bei www.GRIN.com hochladen und kostenlos publizieren

Konstruktion und Bau einer Zweirad-Hebebühne

Florian Jakob

Bibliografische Information der Deutschen Nationalbibliothek:

Die Deutsche Nationalbibliothek verzeichnet diese Publikation in der Deutschen Nationalbibliografie; detaillierte bibliografische Daten sind im Internet über http://dnb.d-nb.de abrufbar.

ISBN: 9783346453952
Dieses Buch ist auch als E-Book erhältlich.

© GRIN Publishing GmbH
Nymphenburger Straße 86
80636 München

Alle Rechte vorbehalten

Druck und Bindung: Books on Demand GmbH, Norderstedt Germany
Gedruckt auf säurefreiem Papier aus verantwortungsvollen Quellen

Das vorliegende Werk wurde sorgfältig erarbeitet. Dennoch übernehmen Autoren und Verlag für die Richtigkeit von Angaben, Hinweisen, Links und Ratschlägen sowie eventuelle Druckfehler keine Haftung.

Das Buch bei GRIN: https://www.grin.com/document/1039525

KONSTRUKTION UND BAU EINER ZWEIRAD-HEBEBÜHNE

Florian Jakob

Projektarbeit

Zum Thema

Konstruktion und Bau einer Zweirad-Hebebühne

Name: Florian Jakob

Inhaltsverzeichnis

Abkürzungsverzeichnis

Formelzeichen	Physikalische Größe	Einheit	
m	Masse	kg	$Kilogramm$
$a; b; l; l_S; l_K$	Länge	mm	$Millimeter$
b	Breite		
$H; h$	Höhe		
s	Wandstärke	mm	$Millimeter$
d	Durchmesser		
d_{erf}	Erforderlicher Durchmesser		
f	Durchbiegung		
α	Winkel	°	$Grad$
F	Kraft	N	$Newton$
F_X	Kraft in X-Richtung		
F_Y	Kraft in Y-Richtung		
F_B	Notwendige Kraft zur Betätigung		
F_{BX}	Notwendige Kraft zur Betätigung in X-Richtung		
F_P	Pumpkraft		
F_{PX}	Pumpkraft in X-Richtung		
F_G	Gewichtskraft		
F_S	Standkraft		
F_K	Kippkraft		
g	Erdbeschleunigung	$\dfrac{m}{s^2}$	$\dfrac{Meter}{Quadratsekunde}$
M	Moment	Nmm	$Newton \times Millimeter$
M_b	Biegemoment		
M_{bX}	Biegemoment in X-Richtung		

Symbol	Bezeichnung	Einheit	
M_{bY}	Biegemoment in Y-Richtung		
M_R	Reibmoment		
M_S	Standmoment		
M_K	Kippmoment		
v_K	Kippsicherheit		
G	Kippkannte		
W_{erf}	Erforderliches Widerstandsmoment	mm^3	Kubikmillimeter
W	Widerstandsmoment		
W_X	Axiales Widerstandsmoment in X-Richtung		
W_{XFS}	Axiales Widerstandsmoment in X-Richtung des Flachstahls		
W_{XQ}	Axiales Widerstandsmoment in X-Richtung des quadratischen Hohlprofils		
W_Y	Axiales Widerstandsmoment in Y-Richtung		
I	Flächenmoment	mm^4	Millimeter hoch 4
I_X	Axiales Flächenmoment in X-Richtung		
I_Y	Axiales Flächenmoment in X-Richtung		

$\sigma_{b\,zul}$	Zulässige Biegespannung		
$\tau_{a\,zul}$	Zulässige Scherspannung		
E	Elastizitätsmodul		
R_e	Streckgrenze	$\dfrac{N}{mm^2}$	$\dfrac{Newton}{Quadratmillimeter}$
$R_{p\,0,2}$	0,2 %-Dehngrenze		
p_{zul}	Zulässige Flächenpressung		
p	Flächenpressung		
γ	Sicherheitsfaktor		

Tabellenverzeichnis

1   Einleitung

In der heutigen Zeit ist das Thema Ergonomie am Arbeitsplatz eine der wichtigsten Bedingungen für ein optimales Arbeiten überhaupt. Aufgrund dessen geht es in der folgenden Projektarbeit darum, durch eine Zweirad-Hebebühne eine optimale Arbeitsbedingung bei Reparaturen an diesen zu ermöglichen.

Mit Hilfe der Hebebühne ist es möglich, die zu reparierenden Mopeds und Motorräder in eine individuelle und somit ergonomisch korrekte Höhe anzuheben. Reparaturen müssen nicht kniend, bückend oder in anderen falschen Körperhaltungen durchgeführt werden. Hiermit kann körperlichen Beschwerden, wie Rücken- und Knieproblemen, vorgebeugt werden. Aufgrund dieser Verbesserung der Arbeitsbedingungen verringert sich auch folglich das Risiko der Berufsunfähigkeit durch eine der beiden Problematiken.

In der folgenden Projektarbeit geht es grundsätzlich um die Konstruktion und den Bau einer Zweirad-Hebebühne. Dafür sind jedoch erst einmal weitere Schritte notwendig, welche auf den folgenden Seiten zu finden sind: die technischen Anforderungen an die Hebebühne, die Berechnungen zur Bauteildimensionierung, der anschließende Fertigungsprozess und einer Gebrauchsanleitung. Des Weiteren wird eine Kostenaufstellung der Bauteile gegeben.

Der Bau der Zweirad-Hebebühne soll ermöglichen, dass Reparaturen an Zweirädern ergonomisch korrekt durchgeführt werden können. Hierin liegt auch die Erwartung an dieses Projekt.

2   Anforderungen an die Konstruktion

Zu den technischen Anforderungen an die Konstruktion zählen eine mobile Nutzbarkeit, um keinen festen Arbeitsplatz zu benötigen. In Folge dessen sollen klappbare Rollen zum Einsatz kommen, welche nach Positionierung der Hebebühne ermöglichen, diese standfest auf den unteren Rahmen absenken zu lassen.

Damit die Hebebühne auch außerhalb einer Werkstatt verwendet werden kann, muss sie ohne Elektrizität oder Pneumatik betrieben werden. Aufgrund dieser Anforderung wird eine Hydraulikpumpe mit mechanischer Fußbetätigung verbaut. Die Arbeitshöhe soll mindestens einen Meter betragen.

Um den Großteil an aktuellen Motorrädern anheben zu können, muss die Konstruktion einer Belastung von 250 kg standhalten. Da der durchschnittliche Radstand 1500 mm beträgt, benötigt man eine Bühnenplattenlänge von mindestens 2000 mm.

Angesichts der einfacheren konstruktiven Bauweise einer Parallelogramm-Hebebühne gegenüber einer Scheren-Hebebühne wurde diese Art der Hebebühne für das Projekt gewählt, auch in dem Bewusstsein, dass die Parallelogramm-Hebebühne im eingefahrenen Zustand mehr Platz benötigt als eine Scheren-Hebebühne. Bei der Scheren-Hebebühne müssen die Hebelarme beim Anheben durch die Rollenführung mitlaufen. Diese Bauweise ist in der Umsetzung und mit den zur Verfügung stehenden Mitteln wesentlich schwieriger zu realisieren.

3   Berechnungen zur Bauteildimensionierung

Damit die nachfolgenden Komponenten der notwendigen Belastung standhalten, erfolgt eine statische Betrachtung als Berechnungsgrundlage.

Der grundsätzliche Ablauf für die einzelnen Bauteildimensionierungen beginnt bei der jeweiligen zur ermittelnden Kraft. Im Anschluss daran kann mit der wirkenden Kraft das auftretende Moment berechnet werden, welches für das erforderliche Widerstandsmoment benötigt wird. Um jedoch das erforderliche Widerstandsmoment bestimmen zu können, wird in Abhängigkeit vom verwendeten Werkstoff und der Art der auftretenden Spannung die jeweils zulässige Spannung berechnet.

Nach Vorbestimmung der jeweiligen Profilart für die einzelnen Bauteile können anhand der erforderlichen Widerstandsmomente die zu benötigten Dimensionierungen bestimmt bzw. berechnet werden. Dabei wird das Europa Tabellenbuch Metalltechnik zu Hilfe genommen.

Außer bei den Lagerbolzen und der Welle zur Betätigung wird als Werkstoff der unlegierte Baustahl S235JR für grundsätzlich alle nachfolgenden Berechnungen ausgewählt, da dieser sowohl preiswert ist und eine hervorragende Fügbarkeit beim Schweißen besitzt.

(Für alle Formeln und Material-/Profilwerte wird das Europa Tabellenbuch Metalltechnik verwendet.)[1]

3.1   Rahmenprofil

Aufgrund der auftretenden Kräfte und Momente, in Abhängigkeit der Winkelverhältnisse, wird zur Bauteildimensionierung des oberen Rahmenprofils zunächst die wirkende Gewichtskraft ermittelt. Diese ergibt sich durch die zulässige Belastung von 250 kg, in Abhängigkeit zu der wirkenden Erdbeschleunigung. Im nachfolgenden Schritt kann das auftretende Biegemoment berechnet werden. Anschließend wird das erforderliche Widerstandsmoment in Abhängigkeit zu der zulässigen Biegespannung ermittelt. Somit kann das notwendige quadratische Hohlprofil mit den Maßen 30 x 30 x 2 mm, wie in den

---

[1] Vgl. „Tabellenbuch Metall"

Abb. 3 und 5 zu sehen ist, bestimmt werden. Aufgrund der guten Profileigenschaften im Verhältnis von Festigkeit und Gewicht fällt die Entscheidung auf eine Vierkanthohlprofil-Konstruktion, ersichtlich in Abb.1. Anhand der ermittelten Werte, kann abschließend die

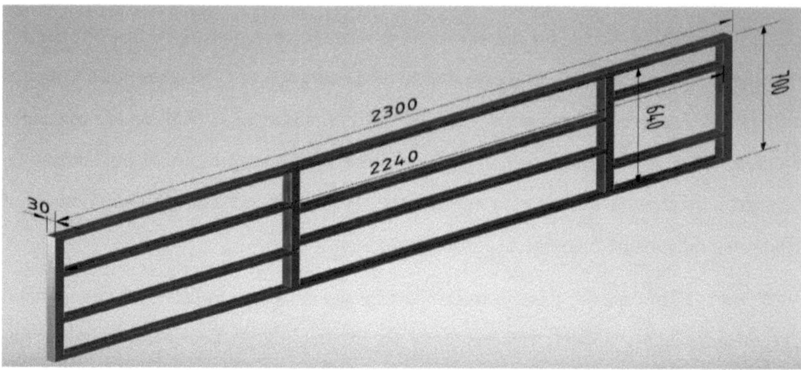

Abb. 1 Rahmenprofil Oben

Durchbiegung bei einer Belastung von **250 kg** berechnet werden.

Die Berechnungen dieses Unterpunktes werden sowohl in Längs- als auch in Querrichtung durchgeführt. Dies ist in den Abb. 2 und 4 zu sehen. Bei der Vorbestimmung zur Verwendung von vier Profilen in beiden Richtungen, wird jeweils für die Dimensionierung eines Profils die Gewichtskraft durch vier geteilt. Der zuvor festgelegte Sicherheitsfaktor 3 gewährleistet eine ausreichende Sicherheit bei der Bauteildimensionierung. Dies ermöglicht es, für die nachfolgenden Berechnungen nur die Belastung von 250 kg zu betrachten. Das Eigengewicht der einzelnen Bauteile kann durch den Sicherheitsfaktor außer Acht gelassen werden.

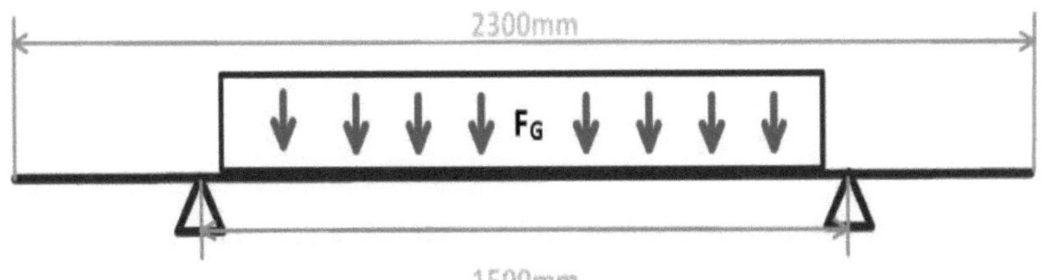

Abb. 2 Flächenlast auf zwei Stützen in Längsrichtung

<table>
<tr><td align="center">Gegeben:</td><td align="center">Gesucht:</td></tr>
</table>

$$m = 250\ kg \qquad\qquad F_G$$

$$l = 1.500\ mm \qquad\qquad M_b$$

$$E = 210.000\ \frac{N}{mm^2} \qquad\qquad \sigma_{b\ zul}$$

$$R_e = 235\ \frac{N}{mm^2} \qquad\qquad W_{erf}$$

$$g = 9{,}81\ \frac{m}{s^2} \qquad\qquad f$$

$$\gamma = 3$$

<u>Lösung:</u>

Gewichtskraft:

$$F_G = m \times g = 250\ kg \times 9{,}81\ \frac{m}{s^2}$$

$$\underline{F_G = 2.452{,}5\ N}$$

Biegemoment:

$$M_b = \frac{\frac{F_G}{4} \times \gamma \times l}{8} = \frac{\frac{2.452{,}5\ N}{4} \times 3 \times 1.500\ mm}{8}$$

$$\underline{M_b = 344.882{,}82\ Nmm}$$

Zulässige Biegespannung:

$$\sigma_{b\,zul} = 1{,}2 \times R_e = 1{,}2 \times 235\,\frac{N}{mm^2}$$

$$\sigma_{b\,zul} = 282\,\frac{N}{mm^2}$$

Widerstandsmoment:

$$W_{erf} = \frac{M_b}{\sigma_{b\,zul}} = \frac{344.882{,}82\ Nmm}{282\,\dfrac{N}{mm^2}}$$

$$W_{erf} = 1.222{,}99\ mm^3$$

Profilauswahl:

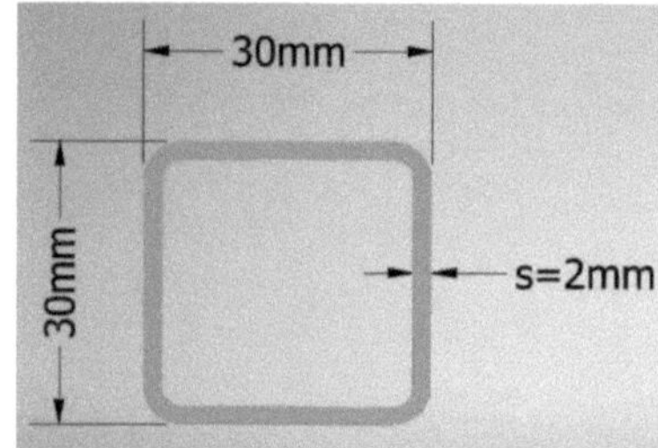

Abb. 3 Quadratisches Hohlprofil 30 x 30 x 2 mm

$$W = 1.810\ mm^3$$

$$I = 27.200\ mm^4$$

Durchbiegung Flächenlast auf zwei Stützen:

$$f = \frac{5 \times \dfrac{F_G}{4} \times l^3}{384 \times E \times I} = \frac{5 \times \dfrac{2.452{,}5\ N}{4} \times (1.500\ mm)^3}{384 \times 210.000\,\dfrac{N}{mm^2} \times 27.200\ mm^4}$$

$$f = 4{,}72\ mm$$

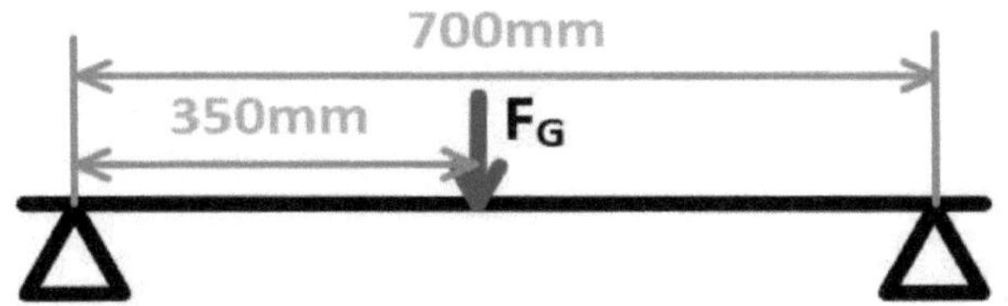

Abb. 4 Einzelkraft auf zwei Stützen in Querrichtung

Gegeben:	**Gesucht:**

$$F_G = 2.452,5 \ N \qquad\qquad M_b$$

$$l = 700 \ mm \qquad\qquad W_{erf}$$

$$E = 210.000 \ \frac{N}{mm^2} \qquad\qquad f$$

$$\sigma_{b\ zul} = 282 \ \frac{N}{mm^2}$$

$$a = b = 350 \ mm$$

$$\gamma = 3$$

Lösung:

Biegemoment:

$$M_b = \frac{F_G}{4} \times \gamma \times \frac{a \times b}{l}$$

$$M_b = \frac{2.452,5 \ N}{4} \times 3 \times \frac{350 \ mm \times 350 \ mm}{700 \ mm}$$

$$\underline{M_b = 321.890,63 \ Nmm}$$

Widerstandsmoment:

$$W_{erf} = \frac{M_b}{\sigma_{b\ zul}} = \frac{321.890,63 \ Nmm}{282 \ \frac{N}{mm^2}}$$

$$\underline{W_{erf} = 1.141,46 \ mm^3}$$

Profilauswahl:

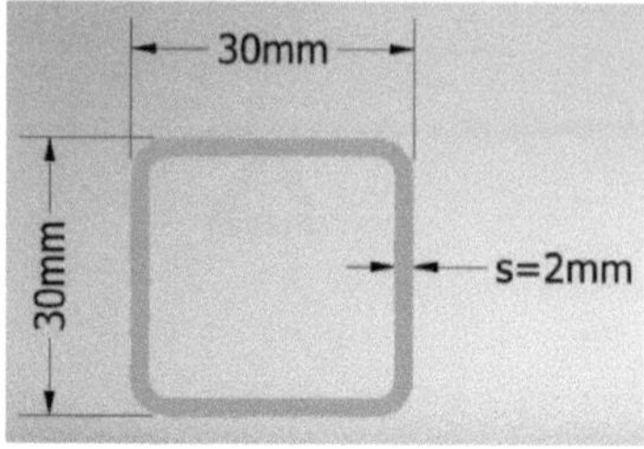

Abb. 5 Quadratisches Hohlprofil 30 x 30 x 2 mm

$$W = 1.810 \; mm^3$$

$$I = 27.200 \; mm^4$$

Durchbiegung Einzelkraft auf zwei Stützen:

$$f = \frac{\frac{F_G}{4} \times a^2 \times b^2}{3 \times E \times I \times l} = \frac{\frac{2.452,5 \, N}{4} \times (350mm)^2 \times (350mm)^2}{3 \times 210.000 \frac{N}{mm^2} \times 27.200mm^4 \times 700mm}$$

$$\underline{f = 0,77 \; mm}$$

3.2 Lagerung Hydraulik-Fußpumpe

Die nachfolgenden Berechnungen sind erst aufgrund einer Erkenntnis, welche sich im Laufe des Fertigungs- und Versuchsprozesses herausgestellt hat, entstanden. Da keine Berechnungsdimensionierung zum unteren Rahmen erfolgte und somit die gleichen quadratischen Hohlprofile wie beim oberen Rahmen verwendet wurden, kam es zu Verbiegungen an den Lagerstellen der Hydraulik-Fußpumpe am unteren Rahmen. Daher ist es notwendig, für eine Versteifung zu sorgen. Zunächst wird hierfür das vorhandene Biegemoment pro Lagerhalter und somit mit der Hälfte der Kraft der Hydraulik-Fußpumpe in X-Richtung berechnet. Für das erforderliche Widerstandsmoment wird das Biegemoment durch die zulässige Biegespannung geteilt. Beim Vergleich des erforderlichen Widerstandsmoment mit dem vorhandenen des quadratischen Hohlprofils ist ersichtlich, dass das vorhandene Widerstandsmoment nicht ausreicht. Durch den Einsatz von 35 x 8 mm Flachstahl soll das Widerstandsmoment erhöht werden. In Abb. 6 ist zu sehen, wie der Flachstahl eingesetzt wurde. Zunächst wird das Widerstandsmoment des Flachstahls berechnet und anschließend aufgrund der beidseitigen Verwendung am quadratischen Hohlprofil verdoppelt und addiert.

<table>
<tr><td>Gegeben:</td><td>Gesucht:</td></tr>
</table>

$$F_P = 47.088 \; N \qquad\qquad F_{PX}$$

$$H = 44 \; mm \qquad\qquad M_b$$

$$E = 210.000 \; \frac{N}{mm^2} \qquad\qquad W_{erf}$$

$$\sigma_{b \; zul} = 282 \; \frac{N}{mm^2} \qquad\qquad f$$

<u>Lösung:</u>

Kraft:

$$F_{PX} = F_P \times \cos(17°)$$

$$F_{PX} = 47.088 \; N \times \cos(17°)$$

$$\underline{F_{PX} = 45.030,48 \; N}$$

Biegemoment:

$$M_b = \frac{F_{PX}}{2} \times H = \frac{45.030,48 \; N}{2} \times 44 \; mm$$

$$\underline{M_b = 990.670,56 \; Nmm}$$

Widerstandsmoment:

$$W_{erf} = \frac{M_b}{\sigma_{b \; zul}} = \frac{990.670,56 \; Nmm}{282 \; \frac{N}{mm^2}}$$

$$\underline{W_{erf} = 3.513,02 \; mm^3}$$

Profildimensionierung:

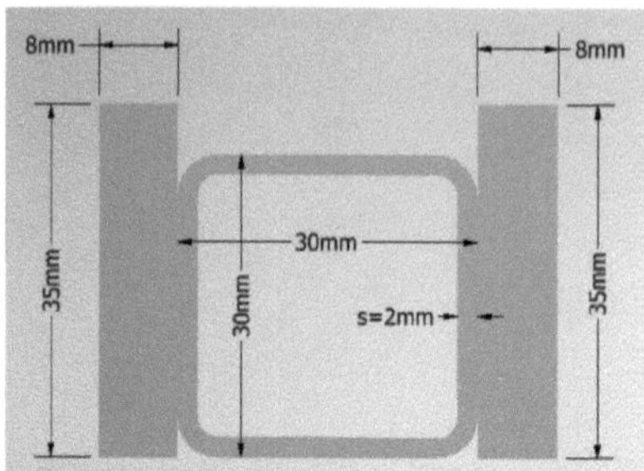

Abb. 6 Versteifung Lagerung Hydraulik-Fußpumpe

$$W_{XFS} = \frac{b \times h^2}{6} = \frac{8\ mm \times (35\ mm)^2}{6}$$

$$\underline{W_{XFS} = 1.633{,}33\ mm^3}$$

Vorhanden: $W_X = 2 \times W_{XFS} + W_{XQ} = 2 \times 1.633\ mm^3 + 1.810\ mm^3$

$$\underline{W_X = 5.076{,}67\ mm^3}$$

3.3 Hebelarm

Bei der Dimensionierung der vier Hebelarme wird ebenfalls die Gewichtskraft aufgrund der vier Lagerpunkte am Rahmen durch vier geteilt. Um den Hebelarm dimensionieren zu können, wird der Startpunkt beim Anheben als Berechnungsgrundlage angenommen. In diesem Punkt ist das auftretende Biegemoment am Hebelarm hinsichtlich des Winkel-/Kräfteverhältnisses am höchsten. Der Hebelarm ist als einseitig eingespannt zu betrachten, wie in Abb. 7 ersichtlich ist, um das wirkende Biegemoment berechnen zu können, welches durch das obere Lager auf den Hebelarm wirkt. Anschließend kann erneut in Abhängigkeit zu der zulässigen Biegespannung das erforderliche Widerstandsmoment berechnet werden.

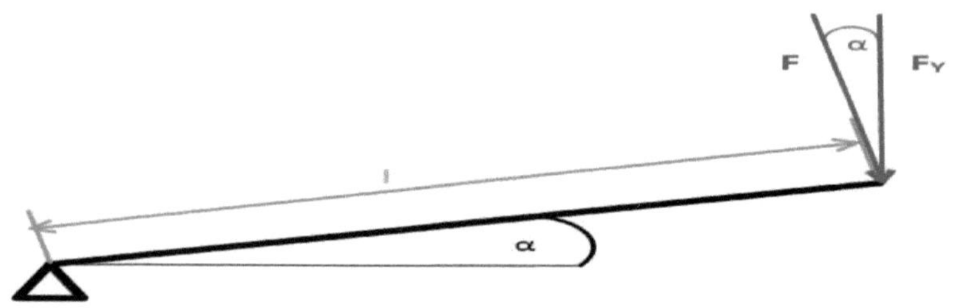

Abb. 7 Einzelkraft am einseitig eingespannten Hebel

Um die Tiefe der Hohlprofile gleich der Maße der Rahmenkonstruktion zu halten, fällt die Entscheidung auf ein rechteckiges Hohlprofil mit den Abmessungen 50 x 30 x 4 mm und mit einer Gesamtlänge von 1000 mm, welches in Abb. 8 und 9 zu sehen ist.

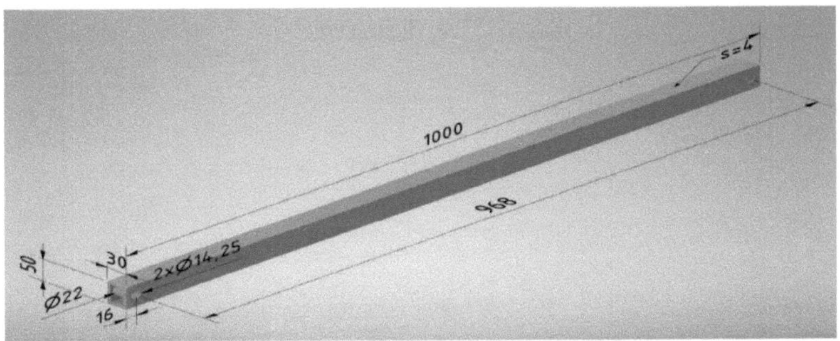

Abb. 8 Hebelarm

Gegeben:

$$F_y = \frac{F_G}{4} = 613{,}13 \text{ N}$$

$$\gamma = 3$$

$$l = 968 \text{ mm}$$

$$E = 210.000 \; \frac{N}{mm^2}$$

$$\sigma_{b\,zul} = 282 \; \frac{N}{mm^2}$$

$$a = b = 500 \; mm$$

$$\alpha = 3°$$

Gesucht:

$$F$$

$$M_b$$

$$W_{erf}$$

$$f$$

<u>**Lösung:**</u>

Kraft:

$$F = F_y \times \cos(\alpha) = 613{,}13 \, N \times \cos(3°)$$

$$\underline{F = 612{,}29 \, N}$$

Biegemoment:

$$M_b = F \times \gamma \times l = 612{,}29\ N \times 3 \times 968\ mm$$

$$\underline{M_b = 1.778.090{,}16\ Nmm}$$

Widerstandsmoment:

$$W_{erf} = \frac{M_b}{\sigma_{b\ zul}} = \frac{1.778.090{,}16\ Nmm}{282\ \dfrac{N}{mm^2}}$$

$$\underline{W_{erf} = 6.305{,}28\ mm^3}$$

Profilauswahl:

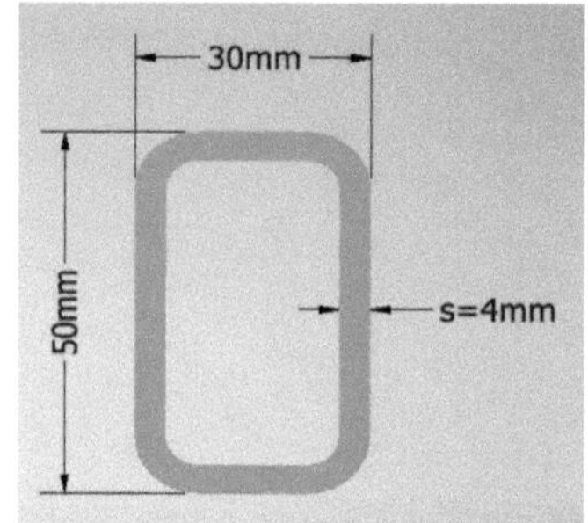

Abb. 9 Rechteckiges Hohlprofil 50 x 30 x 4 mm

$$W_{erf} = W_X = 6.600\ mm^3$$

$$I_X = 165.000\ mm^4$$

Durchbiegung Einzelkraft einseitig eingespannt:

$$f = \frac{F \times l^3}{3 \times E \times I_x} = \frac{613{,}13\ N \times (968\ mm)^3}{3 \times 210.000\ \dfrac{N}{mm^2} \times 165.000\ mm^4}$$

$$\underline{f = 5{,}35\ mm}$$

3.4 Lagerbolzen

Bei der Dimensionierung der Lagerbolzen fällt die Werkstoffauswahl auf X5CrNi18-10, welcher V2A Chrom-Nickelstahl entspricht. Zunächst wird die wirkende Kraft, die durch den Hebelarm auf den Lagerbolzen lastet, berechnet. Der Kräfteverlauf ist in Abb. 10 optisch dargestellt. Dies ermöglicht es, nach Berechnung der zulässigen Scherspannung, den Durchmesser des Lagerbolzens zu ermitteln.

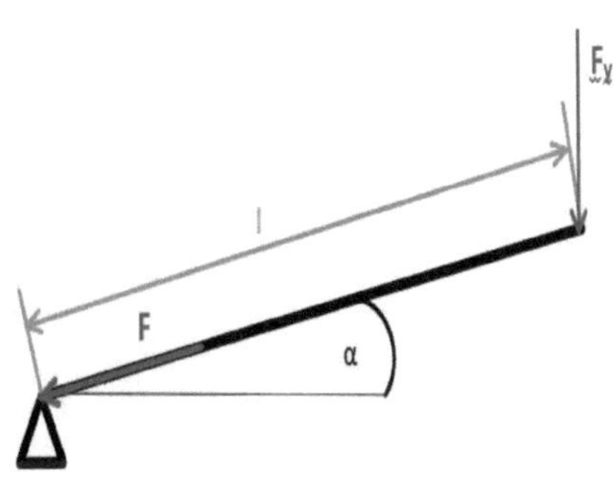

Abb. 10 Wirkende Stabkraft im Hebelarm auf den Lagerbolzen

Die beidseitige Lagerung gewährleistet, dass die wirkende Kraft, übertragen vom Hebelarm, auf die zwei Lagerstellen aufgeteilt wird. Das hat zur Folge, dass die auftretende Scherspannung und somit auch der erforderliche Durchmesser des Lagerbolzens, welcher in Abb. 12 zu sehen ist, sich verringern.

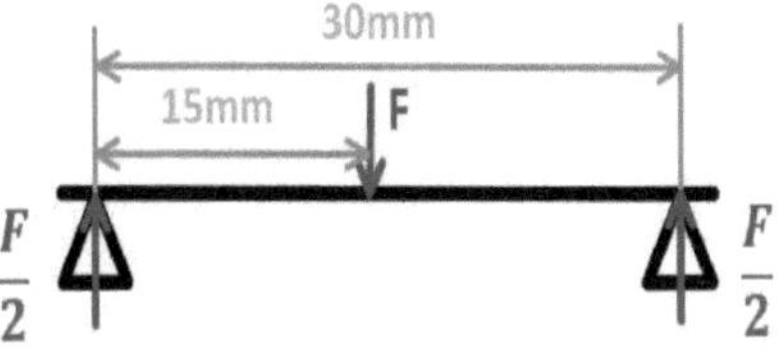

Abb. 11 Einzelkraft auf zwei Stützen (Lagerbolzen)

Durch eine geschmierte Lagerung des Bolzens in einer eingeschweißten S235JR Hülse mit einer Wandstärke von 4 mm im Hebelarm wird die Reibung und somit auch der Verschleiß verringert.

<table>
<tr><td align="center">Gegeben:</td><td align="center">Gesucht:</td></tr>
<tr><td align="center">$R_{p\,0,2} = 190\ \dfrac{\text{N}}{mm^2}$</td><td align="center">$F$</td></tr>
<tr><td align="center">$F_Y = \dfrac{F_g}{4} = 612{,}5\ N$</td><td align="center">$\tau_{a\,zul}$</td></tr>
<tr><td align="center">$\gamma = 3$</td><td align="center">d_{erf}</td></tr>
<tr><td align="center">$\alpha = 3°$</td><td align="center"></td></tr>
</table>

<u>**Lösung:**</u>

Kraft:

$$F = \frac{F_Y}{\sin(\alpha)} = \frac{613,13\ N}{\sin(3°)}$$

$$\underline{F = 11.715,27\ N}$$

Beanspruchung auf Abscherung:

$$\tau_{a\ zul} = 0,6 \times R_{p\ 0,2} = 0,6 \times 190\,\frac{\text{N}}{mm^2}$$

$$\underline{\tau_{a\ zul} = 114\,\frac{\text{N}}{mm^2}}$$

Lagerbolzen Dimensionierung:

$$d_{erf} = \sqrt{\frac{2 \times F * \gamma}{\pi \times \tau_{a\ zul}}} = \sqrt{\frac{2 \times 11.715,27\ N * 3}{\pi \times 114\,\frac{\text{N}}{mm^2}}}$$

$$\underline{d_{erf} = 14\ mm}$$

$$\underline{\sim Auswahl\!: d = 14\ mm}$$

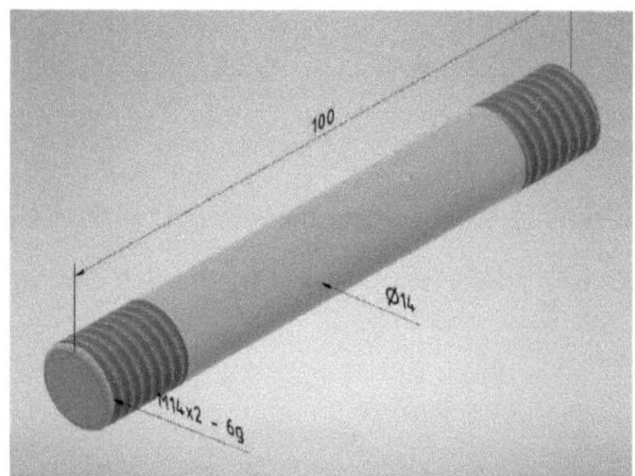

Abb. 12 Lagerbolzen

3.5 Lagerhalter

Im Lagerpunkt beträgt die auftretende Gewichtskraft ein Viertel von der gesamten Gewichtskraft.
Diese teilt sich bei der beidseitigen Lagerung noch-
mals durch zwei. Die Teilung ermöglicht, wie zuvor
schon erwähnt, einen kleineren Durchmesser des
Lagerbolzens. Des Weiteren verringert sich dadurch
die wirkende Scherspannung.

Als Ausgangspunkt der Berechnungen wird wieder
der eingefahrene Zustand der Hebebühne betrachtet, da hier die auftretenden Kräfte am höchsten
sind, wie nachfolgend zu sehen ist. Anschließend
können wieder das Biegemoment sowie auch das
Widerstandsmoment berechnet werden, in diesem
Fall sowohl in X- als auch in Y-Richtung.

Mit der Festlegung von einer Breite von 50 mm,
kann die erforderliche Stärke des Flachstahls ermittelt werden.

Da das Motorrad bei Reparaturen in Querrichtung
bewegt werden kann, ist es wichtig, die Krafteinwirkung in Y-Richtung zu betrachten, ersichtlich in Abb.
14. Somit kann eine ausreichende Sicherheit gegen
seitliches Kippen und Verbiegungen am Lagerhalter
gewährleistet werden.

Zur Vermeidung von Materialschäden muss die zulässige und vorhandene Flächenpressung berechnet
werden.

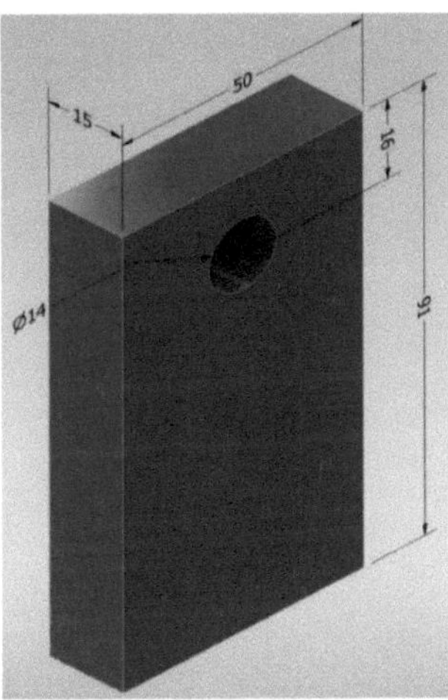

Abb. 13 Lagerhalter

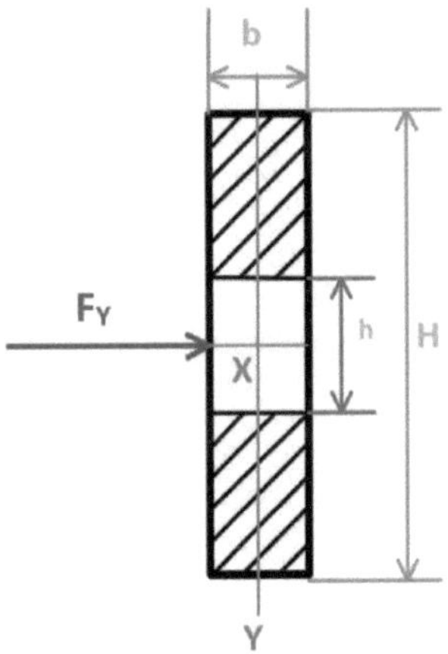

Abb. 14 Krafteinwirkung am Lagerhalter

Gegeben:

$F_Y = 613,13 \text{ N}$

$F = 11.703,24 \ N$

$H = 50 \text{ mm}$

$h = 14 \text{ mm}$

$l = 45 \ mm$

$\alpha = 3°$

$\sigma_{b\ zul} = 282 \ \dfrac{N}{mm^2}$

$R_e = 235 \ \dfrac{N}{mm^2}$

Gesucht:

F_X

M_{bX}

M_{bY}

W_{erf}

b

p_{zul}

p

<u>**Lösung:**</u>

Kraft:

$$F_X = \frac{F_Y}{\tan(\alpha)} = \frac{613,13 \ N}{\tan(3°)}$$

$$\underline{F_X = 11.699,22 \ N}$$

Biegemomente:

$$M_{bX} = \frac{F_X}{2} \times l = \frac{11.699,22 \ N}{2} \times 45mm$$

$$\underline{M_{bX} = 263.232,45 \ Nmm}$$

$$M_{bY} = \frac{F_Y}{2} \times 968 \ mm = \frac{613,13 \ N}{2} \times 968 \ mm$$

$$\underline{M_{bY} = 296.754,92 \ Nmm}$$

Widerstandsmoment:

$$W_{erfX} = \frac{M_{bX}}{\sigma_{b\,zul}} = \frac{263.232,45\ Nmm}{282\,\frac{N}{mm^2}}$$

$$\underline{W_{erfX} = 933,49\ mm^3}$$

$$W_{erfY} = \frac{M_{by}}{\sigma_{b\,zul}} = \frac{296.450\ Nmm}{282\,\frac{N}{mm^2}}$$

$$\underline{W_{erfY} = 1.052,32\ mm^3}$$

Profildimensionierung:

$$W_{erf} = W_X = \frac{b \times (H^3 - h^3)}{6 \times H}$$

$$b = \frac{W_X \times 6 \times H}{(H^3 - h^3)} = \frac{933,49 mm^3 \times 6 \times 50mm}{((50mm)^3 - (14mm)^3)}$$

$$\underline{b = 2,29\ mm}$$

$$W_{erf} = W_Y = \frac{b^2 \times (H - h)}{6}$$

$$b = \sqrt{\frac{W_Y \times 6}{(H - h)}} = \sqrt{\frac{1.052,32\ mm^3 \times 6}{(50mm - 14mm)}}$$

$$\underline{b = 13,24\ mm}$$

$$\underline{\sim Auswahl: b = 15\ mm}$$

Zulässige Flächenpressung:

$$p_{zul} = \frac{R_e}{1,2} = \frac{235\,\frac{N}{mm^2}}{1,2}$$

$$p_{zul} = 195,83\,\frac{N}{mm^2}$$

Flächenpressung:

$$p = \frac{\frac{F}{2}}{A} = \frac{\frac{F}{2}}{l \times d} = \frac{\frac{11.703,24\,N}{2}}{15mm \times 14mm}$$

$$p = 27,86\,\frac{N}{mm^2}$$

3.6   Betätigungs-Hebelarme

Zur Dimensionierung der Hebelarme, für die Hydraulik-Fuß-Pumpe, welche zum Anheben der Hebebühne benötigt werden, können die anderen vier Hebelarme außer Acht gelassen werden. Die Kraft zum Anheben der zulässigen Belastung wirkt ausschließlich auf die beiden Hebelarme. Da es sich um zwei Hebelarme zum Anheben handelt, wird für die erforderliche Dimensionierung die wirkende Gewichtskraft durch zwei geteilt.

Die Kraft, welche zum Anheben benötigt wird, kann durch das Hebelgesetz ermittelt werden und liegt unterhalb des Wertes, die von der ausgewählten Pumpe erbracht werden kann. Die Pumpe ist in der Lage laut Hersteller eine Kraft von rund 47 kN zu ermöglichen. Dies entspricht einer Belastung beim Anheben von 496 kg in Bezug auf die Hebelverhältnisse bei der Hebebühne. Dennoch ist die Hebebühne nur für die zulässige Belastung von 250 kg ausgelegt. Der Hebelarm ist, wie in Abb. 15 ersichtlich, als einseitig eingespannt zu betrachten um das wirkende Biegemoment berechnen zu können, welches durch das obere Lager auf den Hebelarm wirkt. Anschließend kann erneut, in Abhängigkeit zu der zulässigen Biegespannung, das erforderliche Widerstandsmoment berechnet werden.

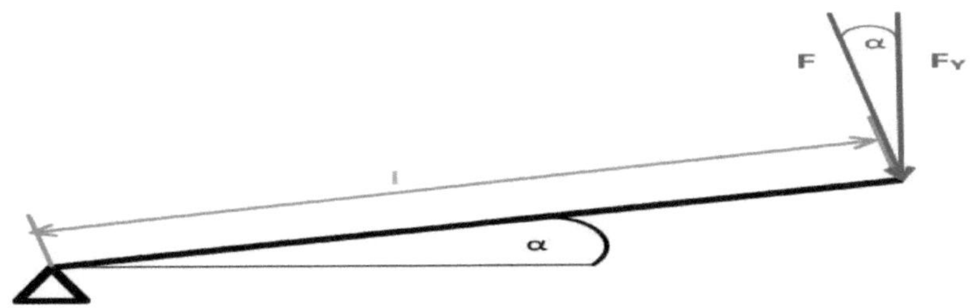

Abb. 15 Einzelkraft am einseitig eingespannten Hebel

In Abb. 16 ist der grundsätzliche Aufbau mit den Abmessungen eines Hebelarms ersichtlich.

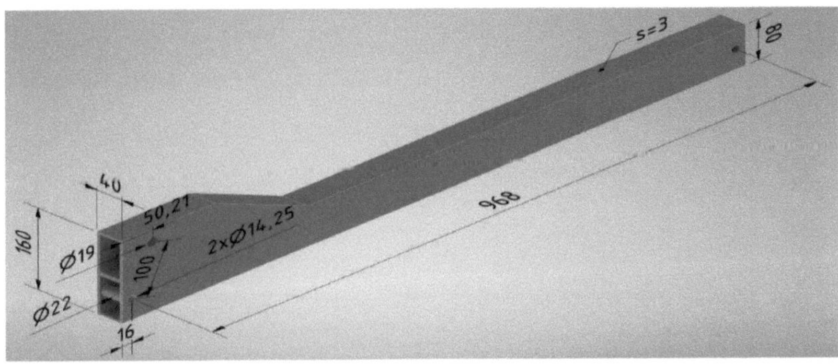

Abb. 16 Betätigungs-Hebelarm

Mit Hilfe des Konstruktionsprogramm Autodesk Inventor kann eine Skizze erstellt werden, welche in Abb. 17 zu sehen ist. Sie stellt eine Ansicht der Hebel- und Winkelverhältnisse dar. Durch Änderung des Winkels α können die jeweiligen Hebel l_1 und l_2 exakt bestimmt werden.

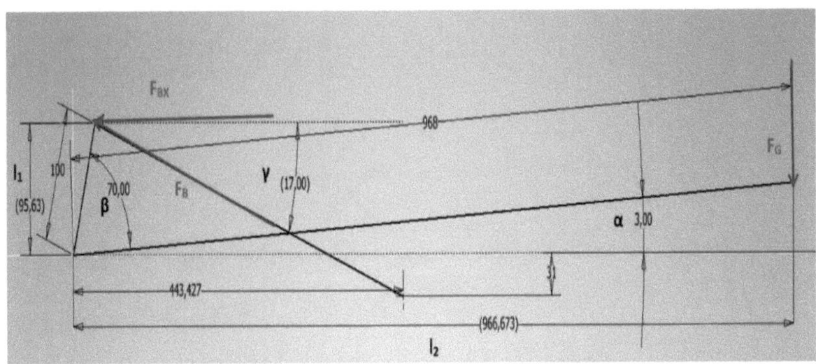

Abb. 17 Kräfteverhältnis in Abhängigkeit von Hebel und Winkel

Die zum Anheben notwendige Kraft in X-Richtung F_{BX} sowie die resultierende Kraft F_B die in Abhängigkeit zu den sich ändernden Winkeln α und γ und den wirkenden Hebeln l_1 und l_2 stehen, können mit Microsoft Excel in einer Tabelle berechnet und in einem Diagramm dargestellt werden. Der abnehmende Kraftverlauf bei zunehmendem Hub-Winkel ist in Abb. 18 zu sehen.

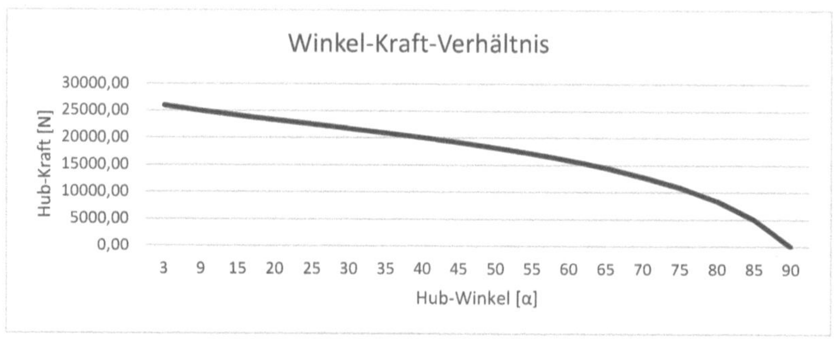

Abb. 18 Hub-Kraftverlauf bei zunehmendem Hub-Winkel

Tabelle 1 Übersicht Kräfte-/Hebel-Verhältnisse in Veränderung des Hub-Winkels

l_1 [mm]	l_2 [mm]	α [°]	β [°]	γ [°]	F_G [N]	F_{BX} [N]	F_B [N]
95,63	966,67	3	70	17,00	2452,50	24790,95	25923,69
98,20	956,10	9	70	16,93	2452,50	23878,16	24959,89
99,60	935,00	15	70	16,72	2452,50	23022,97	24039,30
100,00	909,60	20	70	16,43	2452,50	22307,94	23257,64
99,60	877,30	25	70	16,11	2452,50	21602,19	22485,17
98,50	838,30	30	70	15,70	2452,50	20872,39	21681,28
96,60	792,90	35	70	15,21	2452,50	20130,30	20861,05
93,70	741,50	40	70	14,66	2452,50	19407,99	20061,09
90,60	684,50	45	70	14,06	2452,50	18529,10	19101,34
86,60	622,20	50	70	13,41	2452,50	17620,62	18114,50
81,90	555,20	55	70	12,71	2452,50	16625,49	17043,12
76,60	484,00	60	70	11,97	2452,50	15496,21	15840,65
70,70	409,10	65	70	11,19	2452,50	14191,20	14466,22
64,30	331,10	70	70	10,38	2452,50	12628,66	12838,77
57,40	250,50	75	70	9,55	2452,50	10702,98	10853,40
50,00	168,10	80	70	8,69	2452,50	8245,31	8341,06
42,30	84,40	85	70	7,82	2452,50	4893,40	4939,34
34,20	0,00	90	70	6,92	2452,50	0,00	0,00

<table>
<tr><td>Gegeben:</td><td>Gesucht:</td></tr>
</table>

$$F_Y = F_G = 2.452,5 \text{ N}$$

$$F_P = 47.088 \text{ N}$$

$$\gamma = 3$$

$$l = 968 \text{ mm}$$

$$E = 210.000 \ \frac{N}{mm^2}$$

$$\sigma_{b\,zul} = 282 \ \frac{N}{mm^2}$$

$$a = 100 \ b = 914 \ mm$$

$$\alpha = 3°$$

$$\beta = 70°$$

Gesucht: F, F_{BX}, M_b, W_{erf}, f

<u>**Lösung:**</u>

Kräfte:

$$F = \frac{F_Y}{2} \times \cos(\alpha) = \frac{2452,5 \text{ N}}{2} \times \cos(3°)$$

$$\underline{F = 1.224,57 \text{ N}}$$

$$F_{BX} = \frac{F_G \times l_1}{l_2} = \frac{2452,5 N \times 966,67 \ mm}{95,63 \ mm}$$

$$\underline{F_{BX} = 24.790,95 \text{ N}}$$

Biegemoment:

$$M_b = F \times \gamma \times l = 1.224,57 \ N \times 3 \times 968 \ mm$$

$$\underline{M_b = 3.556.151,28 \ Nmm}$$

Widerstandsmoment:

$$W_{erf} = \frac{M_b}{\sigma_{b\ zul}} = \frac{3.556.151,28\ Nmm}{282\ \frac{N}{mm^2}}$$

$$\underline{W_{erf} = 12.610,47\ mm^3}$$

Profilauswahl:

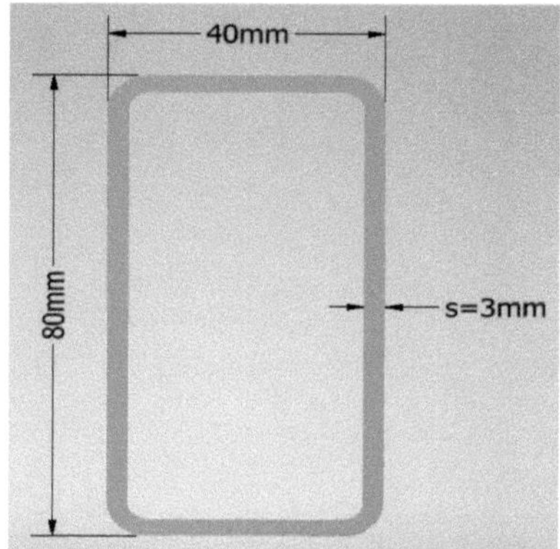

Abb. 19 Rechteckiges Hohlprofil 80 x 40 x 3 mm

$$W_{erf} = W_x = 13.100\ mm^3$$

$$I_X = 523.000\ mm^4$$

Durchbiegung Einzelkraft einseitig eingespannt:

$$f = \frac{F \times l^3}{3 \times E \times I_x} = \frac{1.224,57\ N \times (968\ mm)^3}{3 \times 210000\ \frac{N}{mm^2} \times 523.000 mm^4}$$

$$\underline{f = 3,37\ mm}$$

3.7 Welle zur Betätigung

Bei der Dimensionierung der Welle, zur Betätigung der Hebelarme, wird die von der Hydraulikpumpe maximal erzeugbare Kraft als Berechnungsgrundlage betrachtet. Als Werkstoff wird der gleiche V2A Chrom-Nickelstahl ausgewählt, wie er auch bei den Lagerbolzen verwendet wird.

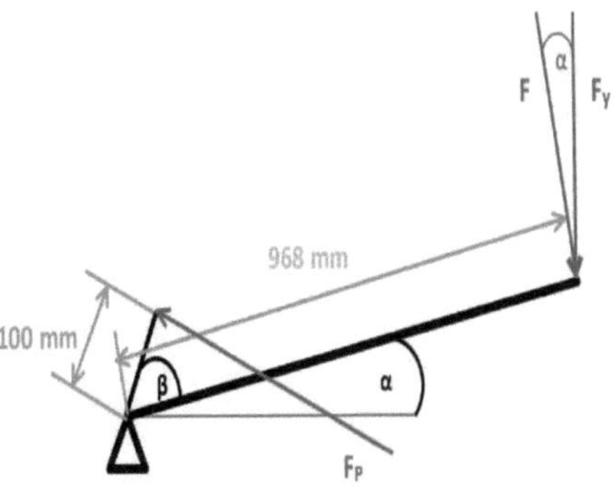

Abb. 20 Kraft der Hydraulik-Fußpumpe auf die Welle zur Betätigung

Der Durchmesser der Welle zur Betätigung kann durch die maximal erzeugbare Kraft der Hydraulikpumpe in Abhängigkeit zur zulässigen Scherspannung berechnet werden. Die beidseitige Lagerung durch die beiden Hebelarme, die die Hebebühne anheben, gewährleistet, dass die Kraft der Hydraulikpumpe sich auf die Welle

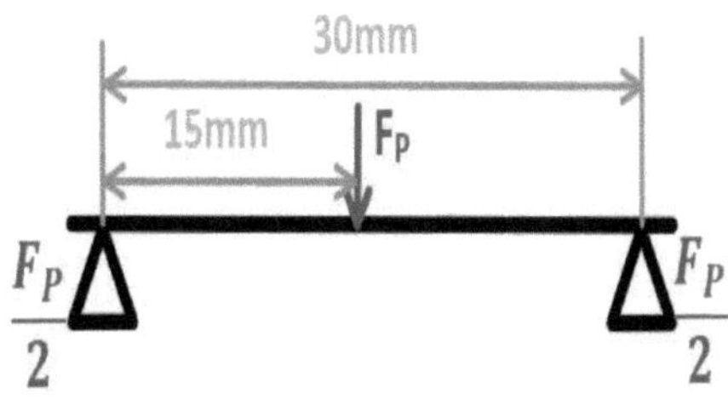

Abb. 21 Einzelkraft auf zwei Stützen (Welle zur Betätigung)

und somit auf die zwei Lagerstellen aufteilt. Das hat zur Folge, dass die auftretende Scherspannung und der erforderliche Durchmesser der Welle sich verringern.

Durch eine geschmierte Lagerung der Welle in einer eingeschweißten S235JR Hülse mit einer Wandstärke von 3 mm im Hebelarm wird die auftretende Reibung und somit auch der Verschleiß verringert.

Gegeben:

$$F_P = 47.088 \, N$$

$$\tau_{a\,zul} = 114 \, \frac{N}{mm^2}$$

Gesucht:

$$d_{erf}$$

Welle Dimensionierung:

$$d_{erf} = \sqrt{\frac{2 \times F_P}{\pi \times \tau_{a\,zul}}} = \sqrt{\frac{2 \times 47.088N}{\pi \times 114 \frac{N}{mm^2}}}$$

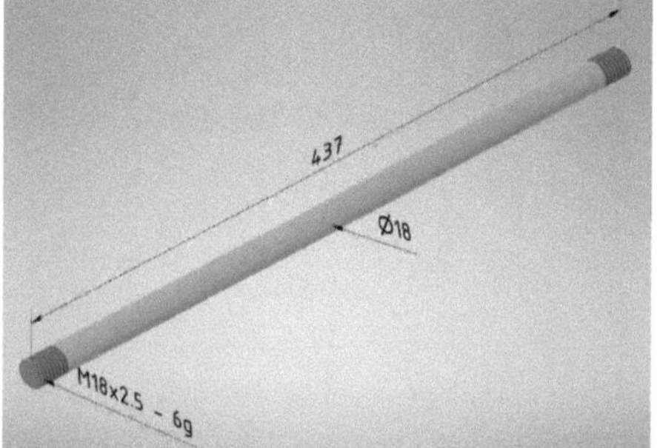

Abb. 22 Welle zur Betätigung

$$d_{erf} = 16{,}22\ mm$$

$$\curvearrowright Auswahl{:}\ d = 18\ mm$$

3.8 Lagerbolzen der Betätigungs-Hebelarme

Aufgrund dessen, dass die Lagerbolzen der vier anderen Hebelarme durch die eigentliche Belastung berechnet werden, ist es notwendig, trotz des gewählten Sicherheitsfaktors bei der Dimensionierung der Lagerbolzen, die wirkende Kraft von der Hydraulikpumpe auf die Lagerbolzen der Hebelarme für die Betätigung, zu berücksichtigen. Da es sich bei dieser Kraft um die maximal erzeugbare Kraft der Hydraulikpumpe handelt, muss kein Sicherheitsfaktor berücksichtigt werden.

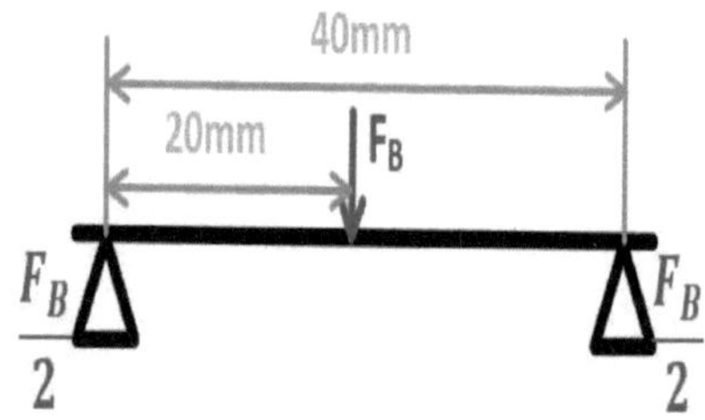

Abb. 23 Einzelkraft auf zwei Stützen (Lagerbolzen der Betätigungs-Hebelarme)

Zur Berechnung des Durchmessers eines Lagerbolzens wird die von der Hydraulikpumpe erzeugte Kraft durch zwei geteilt, da diese auf die beiden Betätigungs-Hebelarme wirkt. Die Lagerung eines einzelnen Hebelarmes erfolgt wie bei den anderen durch beidseitige Lagerung.

Gegeben:

Gesucht:

$$\frac{F_P}{2} = F_B = 23.544\ N$$

$$d_{erf}$$

$$\tau_{a\,zul} = 114\ \frac{N}{mm^2}$$

Lösung:

Lagerbolzen Dimensionierung:

$$d_{erf} = \sqrt{\frac{2 \times F_B}{\pi \times \tau_{a\,zul}}} = \sqrt{\frac{2 \times 23.544 N}{\pi \times 114\,\frac{N}{mm^2}}}$$

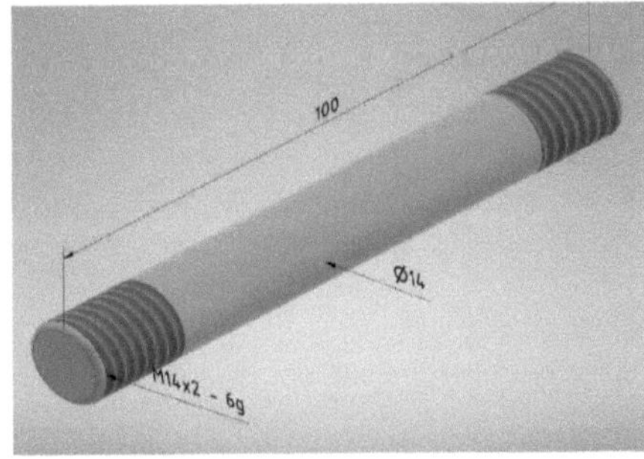

Abb. 24 Lagerbolzen der Betätigungs-Hebelarme

$$d_{erf} = 11{,}47\ mm$$

$$\sim Auswahl: d = 14\ mm$$

3.9   Kippsicherheit

Damit ein Kippen der Hebebühne bei Belastung nicht verursacht wird, ist es notwendig, die Momente auf Kippsicherheit zu überprüfen. Aufgrund der Tatsache, dass das Kippmoment am Anfangspunkt beim Anheben der Hebebühne am höchsten ist, wird dieses unter der Krafteinwirkung mit dem entsprechenden Hebelweg berechnet. Zugleich wird das entgegenwirkende Standmoment berechnet.

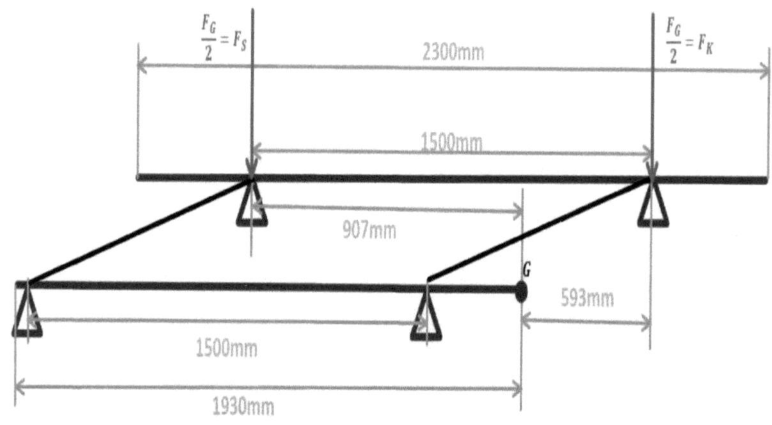

Abb. 25 Kippsicherheit der Hebebühne

Als Berechnungsgrundlage in den Lagerstellen des oberen Rahmens dienen die Krafteinwirkungen durch die Last des Motorrads. Der Abstand von der Kippkannte, welche das Ende des unteren Rahmens darstellt, zum hinteren Lager ist somit der Hebelweg für die Kraft, die für das Kippmoment wirksam ist. Dem wirkt das Standmoment der Hebebühne entgegen. Dieses bildet sich durch die Krafteinwirkung im vorderen Lager des oberen Rahmens und dem Hebelweg von der Kippkante zum vorderen Lager des oberen Rahmens. In Abb. 25 ist die Kräfteeinwirkung bezüglich der Kippsicherheit ersichtlich.

Die Kippsicherheit besteht aus dem Verhältnis vom Standmoment gegenüber dem Kippmoment. Damit eine Kippsicherheit besteht und die Hebebühne stabil steht, muss das Ergebnis > 1 sein. Ist das Ergebnis < 1, steht die Hebebühne labil und es kommt in Folge dessen zum Kippen.

Gegeben:
Gesucht:

$$F_S = F_K = \frac{F_G}{2} = 1226{,}25 \text{ N}$$

$$l_S = 907 \; mm$$

$$l_K = 593 \; mm$$

M_S

M_K

V_K

<u>Lösung:</u>

Kippmomente:

$$M_S = F_S \times l_S = 1226{,}25 \text{ N} \times 907 \; mm$$

$$\underline{M_S = 1.112.208{,}75 \; Nmm}$$

$$M_K = F_K \times l_K = 1226{,}25 \text{ N} \times 593 \; mm$$

$$\underline{M_K = 727.166{,}25 \; Nmm}$$

Kippsicherheit:

$$v_K = \frac{\Sigma M_S}{\Sigma M_K} = \frac{1.112.208{,}75 \; Nmm}{727.166{,}25 \; Nmm}$$

$$\underline{v_K = 1{,}53}$$

4 Fertigungsprozess

Die Fertigung der Hebebühne kann im Suhler Stadtbetrieb GmbH durchgeführt werden. Der Betrieb verfügt über den notwendige Platz in der Schweißerei und stellt die benötigten Arbeitsmittel und Werkzeuge zur Verfügung.

a) Rahmenprofile

Nachdem die Bauteildimensionierung durch die vorliegenden Berechnungen abgeschlossen und die Konstruktion mit dem Programm Autodesk Inventor durchgeführt ist, kann der Fertigungsprozess gestartet werden. Hierbei werden zunächst die beiden Rahmengestelle angefertigt.

Es werden pro Gestell vier 1500 mm quadratische Hohlprofile mit den Maßen 30 x 30 x 2 mm verwendet. Beim oberen Rahmen müssen zunächst zwei quadratische Hohlprofile auf 1440 mm, beim unteren Rahmen hingegen auf 1010 mm gekürzt werden. Diese bilden die Verbindungsstreben der

Abb. 26 Oberer Rahmen geschweißt

Eckteile. Für die Eckteile wird jeweils ein quadratisches Hohlprofil verwendet. Im Anschluss daran ist die Außenkante auf 700 mm und die Innenkante auf 640 mm ausgemittelt auf Gehrung im 45° Winkel zuzusägen. Im folgenden Schritt werden alle Kanten entgratet. An den zu schweißenden Flächen und Kanten wird durch Schleifen die Zunderschicht entfernt, um somit die Schweißnaht bestmöglich vorzubereiten. Anschließend werden diese im Gehrungsschraubstock eingespannt und durch Punktschweißen zusammen geheftet. In einem weiteren Schritt sind die beiden Profile, welche die Ecken bilden, mit den restlichen beiden quadratischen Hohlprofilen eingespannt und ebenfalls durch Punktschweißen zusammen zuheften. Nachdem alle Schnittstellen durch Punktschweißen geheftet sind, können die Rahmen auf die korrekten 90° Winkel durch Messen der Diagonale überprüft werden. Nach erfolgreicher Überprüfung können diese gegen Verzug gespannt werden.

Zuerst werden die vier Schnittstellen an den langen Seiten abwechselnd diagonal verschweißt und danach die Ecken.

Damit die notwendige Festigkeit gewährleistet werden kann, müssen im oberen Rahmen je zwei weitere quadratische Hohlprofile in Quer- und Längsrichtung verschweißt werden. Für die Profile in Querrichtung werden zwei 640 mm lange Stücken zugesägt. Eines der beiden Profile wird in einem Abstand von 370 mm zur Innenseite am Rahmen eingeschweißt und dient somit als Anlagefläche für die vorderen Lagerhalter. Das zweite Profile hat einen Abstand von 770 mm zur

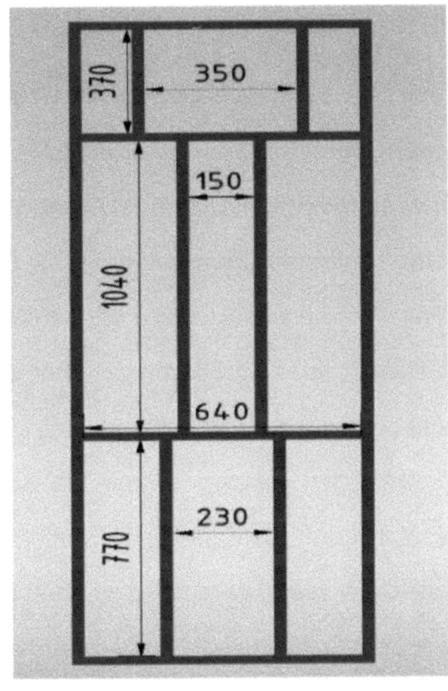

Abb. 27 Streben Anordnung oberer Rahmen

hinteren Innenseite. In Längsrichtung werden für den vorderen Teil zwei Profile mit einer Länge von 370 mm zugesägt und mit einem Abstand von 290 mm symmetrisch verschweißt. Diese dienen als Streben für die Lagerhalter der Hebelarme zur Betätigung. Die Profile für den mittleren Teil werden auf 1040 mm zugesägt und mit einem Abstand von 150 mm zueinander eingeschweißt. Der hintere Teil wird nach der gleichen Vorgehensweise angefertigt. Jedoch hat der Zuschnitt auf 770 mm und das Einschweißen mit einem Abstand von 230 mm zueinander zu erfolgen.

Bei dem unteren Rahmen kommen zwei quadratische Hohlprofile in Längsrichtung zum Einsatz. Sie dienen der Lagerung der Hydraulik-Fußpumpe mit der notwendigen Hebe- und Senkeinrichtung und der Hebelarme zur Betätigung. Hierfür werden zunächst zwei Streben mit einer Länge von 1870 mm angefertigt. Für die Fertigung werden zwei Profile auf 370 mm zugesägt und anschließend mit den 1500 mm langen Profilen verschweißt. Nun können die angefertigten Profile mit einem Abstand von 350 mm zueinander in Längsrichtung in den unteren Rahmen eingeschweißt werden.

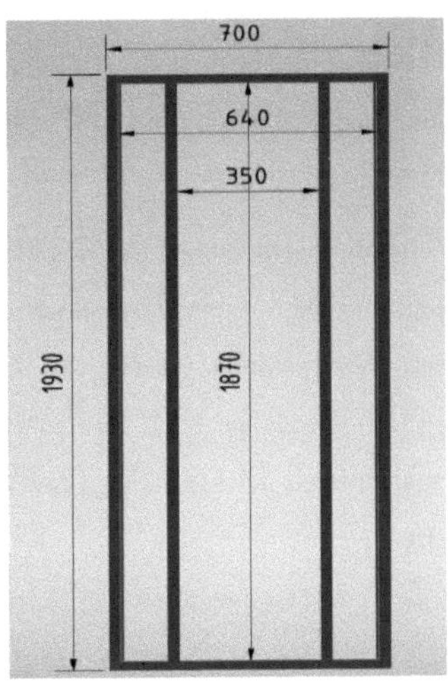

Abb. 28 Streben Anordnung unterer Rahmen

b)   Hebelarme

Um eine bessere Lagerung der Bolzen zu ermöglichen, werden jeweils zwei Hülsen in die Hebelarme
eingeschweißt. Als Material ist ein Stahlrohr mit einem Außendurchmesser von 22 mm und einer
Wandstärke von 4 mm zu verwenden. Dieses wird
zunächst auf acht 30 mm und vier 40 mm Stücken
zugeschnitten. Anschließend wird in jede Hülse ein
5 mm Loch gebohrt. Damit ein Abschmiernippel
verschraubt werden kann, welcher die Wartung
der Lager erleichtern soll, muss ein M6 Gewinde in

Abb. 29 Lagerhülse

die angefertigte Bohrung geschnitten werden, wie in Abb. 29 zu sehen ist.

Um die Hülsen einschweißen zu können, ist es notwendig, 22 mm Bohrungen anzufertigen und diese
durch Senken anzufasen. Dadurch wird ermöglicht,
einen erhöhten Einbrand der Schweißnaht in die
Verbindung zu erzeugen. Wie in Abb. 30 ersichtlich
ist, befinden sich die Bohrungen in den 50 mm und
80 mm breiten Seiten der rechteckigen Hohlprofile. Es ist darauf zu achten, dass die Hülsen mit der
M6 Gewindebohrung zur Öffnung der Hebelarme
einzuschweißen sind. Nur so ist ein Abschmieren
möglich.

Abb. 31 22 mm Bohrung im Hebelarm

Nach dem Schweißen aller zwölf Hülsen in die Hebelarme werden die Schweißnähte blank geschlif-
fen. Abschließend werden die eingeschweißten
Hülsen jeweils auf 14,25 mm aufgebohrt, um eine
geschmierte, leichtgängige Lagerung zu ermöglichen.

Abb. 30 Lagerhülse im Hebelarm

Bei den beiden Betätigungs-Hebelarmen ist zusätzlich ein weiteres 80 mm hohes rechteckiges Hohlprofil angeschweißt. Dies ist notwendig, um eine Länge des Hebelweges von 100 mm als Kraft-Angriffspunkt für die Hydraulik-Fußpumpe zu gewährleisten. Dafür wird mit einem Abstand von 100 mm und einem Winkel von 70° zum unteren Drehpunkt der Hebelarme eine 25 mm Bohrung in beiden Betätigungs-Hebelarme angefertigt. Anschließend werden aus einem Stahlrohr mit dem Außendurchmesser von 25mm und einer Wandstärke von 3 mm zwei 40 mm lange Hülsen zugesägt. Um eine geschmierte Lagerung der Welle zur Betätigung zu gewährleisten, wird ebenfalls in die Hülsen eine 5 mm

Abb. 32 Betätigungs-Hebelarme mit Versteifungen

Bohrung für ein M6 Gewinde angefertigt. Somit können Abschmiernippel in die Hülsen verschraubt werden. Abschließend werden die Hülsen in die Hebelarme eingeschweißt. Damit die Biegebeanspruchung auf die Welle zur Betätigung minimiert wird, befindet sich an jedem Hebelarm ein 145 mm langes Stahlrohr mit einem Außendurchmesser von 35 mm und einer Wandstärke von 4 mm. Die Rohre werden an den Hebelarmen mit Hilfe von Knotenblechen zur zusätzlichen Versteifung verschweißt. Eine Verbindung der beiden Betätigungs-Hebelarmen erfolgt durch zwei 30 x 30 x 2 mm quadratische Hohlprofile. Das Eine wird mittig verschweißt und das Andere am unteren Lagerhalter. Bei den hinteren Hebelarmen wird ebenfalls ein solches quadratisches Hohlprofil mit einem Abstand von 400 mm zur oberen Seite eingeschweißt. Ein mittiges Einschweißen ist hierbei nicht möglich aufgrund der Hebel der Heberollen.

c) Lagerbolzen und Welle

Für die Lagerbolzen wird der 14mm V2A Rundstahl in acht 90 mm und vier 100 mm Stücke
zugeschnitten. Die Stücken müssen an beiden
Seiten angefast werden. Mit Hilfe der Drehbank wird beidseitig ein M14 Gewinde geschnitten. Für die Welle zur Betätigung wird
der 18 mm V2A Rundstahl auf 450 mm zugeschnitten und ebenfalls an beiden Enden angefast. Zudem wird beidseitig ein M18 Gewinde
geschnitten. Die Gewindeanfertigung an der
Drehbank, ersichtlich in Abb.33, ist eine Er-
leichterung, da zum einen eine gerade Führung

Abb. 33 Gewindefertigung an der Drehbank

des Schneideisens ermöglicht werden kann.
Zum anderen nimmt die Fertigung weniger Zeit in Anspruch.

d) Lagerhalter

Die Lagerhalter für die Hebelarme bestehen aus
Flachstahl mit einer Breite von 50 mm und einer
Stärke von 15 mm. Aus dem Flachstahl werden mit
Hilfe einer elektrischen Bügelsäge, welche in Abb.
34 und 35 zu sehen ist, 24 Halter zu je 91 mm zugeschnitten. Anschließend wird mit einem Abstand
zur Oberkante von 16 mm eine 14 mm Bohrung
mittig angefertigt. Um jedoch einen Luftspalt zwi-
schen Lagerung und Hebelarm zu gewährleisten,
wird ein 50 mm breites 2 mm Stahlblech auf 30 mm
zugeschnitten, sodass 24 Stücken entstehen. Diese
erhöhen den Abstand der Lagerhalter zum Rahmen.

Abb. 34 Elektrische Bügelsäge

Bei den Hebelarmen, die von der Hydraulik-Fuß-pumpe betätigt werden, müssen zusätzlich noch acht 50 mm breite und 6 mm starke Flachstahl Stü-cken auf 30 mm zugeschnitten werden. Daraufhin können die Lagerhalter mit den 2 mm und 6 mm starken Distanzstücken an den oberen und unteren Rahmen zusammengeschweißt werden. Zur opti-malen Passung werden die Lagerbolzen in die La-gerhalter eingesetzt. Anschließend werden mit Hilfe einer Schraubzwinge die Lagerhalter an den Rahmen festgespannt. Danach werden diese mit jeweils einem Schweißpunkt an allen vier Seiten

Abb. 35 Zusägen der Lagerhalter

geheftet und die Leichtgängigkeit der Lagerbolzen überprüft. Das Einsetzen der Lager-bolzen gewährleistet, dass die Halter fluchtend verschweißt werden können. Dies ver-hindert, zusätzlich zu den durch das Heften entstandenen Schweißpunkten, einen Ver-zug beim Schweißen. Abschließend können alle Halter mit den Rahmen verschweißt werden.

e)   Hydraulik-Fußpumpe

Die verwendete Hydraulik-Fußpumpe wird vom Hersteller ebenfalls in Zweirad-Hebebühnen ver-baut. Daher ist diese für die Anforderungen per-fekt geeignet. Des Weiteren wird gewährleistet, diese liegend verbauen zu können. Aufgrund der Tatsache, dass die Abstände vom Zylinder zu der Hebe- und Senkbetätigung ermittelt werden müssen, ist es hilfreich, die Abstände mit Hilfe ei-nes Nutenschweißtisches anzupassen. Dafür ist es notwendig, für die Bolzen des Zylinders und

Abb. 36 Vermessung der Hydraulik-Fußpumpe

der Hebe- und Senkbetätigung Halter anzufertigen. Die Einbauhöhe wird mit Hilfe von Schrauben und Muttern ermittelt. Die Vermessung der Hydraulik-Fußpumpe auf dem Nutenschweißtisch ist in Abb. 36 ersichtlich. Anschließend kann dies auf die Hebebühne projiziert werden.

f) Abstellstütze

Eine Abstellstütze soll gewährleisten, die Hebebühne in nahezu jeder gewünschten Arbeitshöhe abstützen zu können. Dies hat zur Folge, dass bei Arbeiten auf der Hebebühne die Hydraulik-Fußpumpe entlastet wird. Des Weiteren wird somit auch die Sicherheit gegen ungewolltes Absenken gewährleistet.

Damit jedoch die Abstellstütze in der Hebebühne integriert bleiben kann, ist es notwendig, diese klappbar am oberen Rahmen zu lagern und zu sichern, ersichtlich in Abb. 37. Als Grundplatte wird eine 420 x 210 x 5 mm Stahlplatte zugeschnitten, auf welche als Distanzstücken 50 x 30 mm rechteckige Hohlprofile verschweißt werden. Dadurch

Abb. 37 Abstellstütze mit Sicherungshalter zum Wegklappen

die Abstellstütze über eine zweifache Verstellung verfügt, sowohl drehbar per Spindel als auch durch Abstecken mittels Sicherungsbolzen, ist es notwendig, einen Abstand zum oberen Rahmen zu gewährleisten, da sonst kein Wegklappen möglich wäre. An der Abstellstütze wird ebenfalls eine Halterung angefertigt. Sowohl auf den beiden rechteckigen Hohlprofilen, als auch auf der Halterung der Abstellstütze werden Lagerhülsen aus dem gleichen 25 x 3 mm Rohr, welches auch bei den Betätigungs-Hebelarmen für die Hülsen der Welle verwendet wurde, angeschweißt. Ebenfalls wird der 18 mm V2A Rundstahl als Lagerbolzen verwendet und mit Hilfe der Drehbank an beiden Enden ein M18 Gewinde geschnitten. Die Sicherung zum Hochklappen der Stütze erfolgt in einem U-Profil mit einem Steckbolzen, der durch einen Federsplint gegen Rausrutschen gesichert ist.

Aufgrund dessen, dass die Abstellstütze nicht am Rand, sondern mehr in Richtung Mitte sitzt, wird die Kurbel durch eine 25 cm 1/2 Zoll Steckschlüssel Verlängerung ersetzt, um weiterhin drehbar eingestellt werden zu können. Während der Steckschlüsseleinsatz an die Kurbel geschweißt wird, wird der Rest der Verlängerung an die Welle der Stütze geschweißt. Dadurch kann die Stütze entweder mit einem Schlagschrauber oder der Kurbel eingestellt werden.

g) Heberollenhalter

Für die Mobilität der Hebebühne kommen Heberollen zum Einsatz. Mit diesen
Rollen kann die Hebebühne sowohl verla-
den, als auch am Arbeitsplatz im Leerzu-
stand bewegt werden. Der Vorteil durch
die Rollen ist, dass mit Hilfe dieser sich
die Hebebühne mit dem Fuß ausheben
und absenken lässt, wie in Abb. 38 und 39
zu sehen ist.

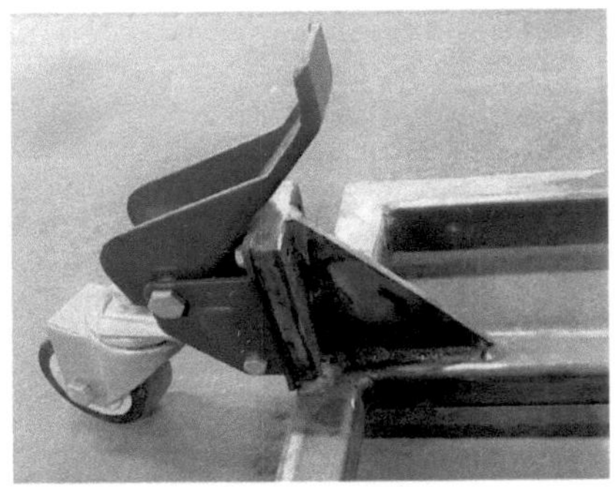

Abb. 38 Heberolle abgesenkt

Damit jedoch die Rollen an der Hebebühne verbaut werden können, müssen vier Halter
angefertigt werden. Dafür werden aus 50 x 6 mm Flachstahl acht 90 mm Stücke zugesägt
und je zwei Teile zusammengeschweißt. Dadurch wird eine Materialstärke von 12 mm
und somit eine optimale Einschraubtiefe erreicht. Anschließend können die Löcher der
Heberollen auf die Halter übertragen werden. Damit die Heberollen angeschraubt werden können, ist es notwendig 5 mm Durchgangs-Bohrungen herzustellen, in welche die
M6 Gewinde geschnitten werden.

Auf der Seite der vier Hebelarme werden
zwei Halter an die inneren Halter der äu-
ßeren Hebelarme angeschweißt.
Dadurch wird eine Abstützung gewährleistet. Auf der gegenüberliegenden Seite
kommen Knotenbleche zur Abstützung
mit einer Schenkellänge von je 90 mm
und Materialstärke von 6 mm zum Einsatz. Diese werden dann an die Rückseite
der Halter und anschließend mit den Hal-

Abb. 39 Heberolle angehoben

tern mittig auf die quadratischen Hohlprofile für die Hydraulik-Fußpumpe geschweißt.

h) Arbeitsplatte

Als Arbeitsplatte der Hebebühne wird Aluminium Riffelblech mit einer Blechstärke von 1,5/2,0 mm (ohne Riffel/mit Riffel) verwendet. Die Firma bit GmbH in Schleusingen verfügt über die notwendigen Maschinen und ermöglicht es, das Blech auf die gewünschte Größe zuzuschneiden und anschließend abzukanten. Nach

Abb. 40 Kantbank

Eingabe der Werte bezüglich Material und Blechart sowie der notwendigen Maße zum Abkanten, errechnet die Kantbank-Maschine, die in Abb. 40 zu sehen ist, die exakte Länge, auf welche die Blechtafel zuzuschneiden ist.

Die maschinelle Tafelschere, zu sehen in Abb. 41, kann Bleche bis zu einer Länge von 3000 mm und einer Blechstärke von 6 mm zuschneiden.

Die Arbeitsplatte hat eine Breite von 740 mm und eine Länge von 2300 mm. Die Kantenlänge beträgt 40 mm. Ebenfalls ist die Bemaßung in Abb. 42 ersichtlich.

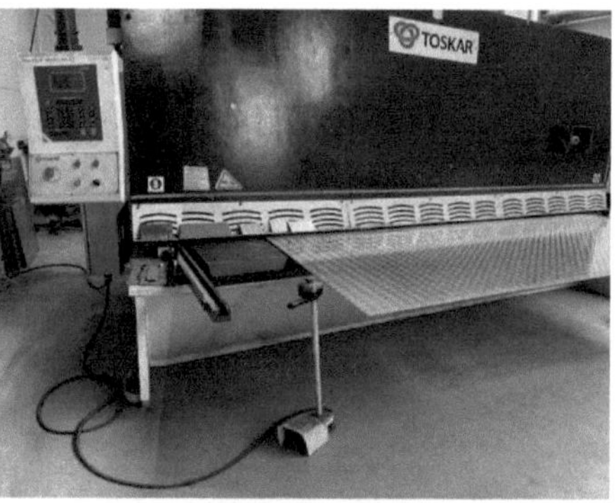

Abb. 41 Tafelschere

In das Blech wird, nachdem es auf dem oberen Rahmen ausgemittelt ist, mit einem 5 mm Bohrer in jede Ecke und mittig an den langen Seiten je ein Loch gebohrt. Anschließend wird das Blech mit 6,3 x 16 mm Sechskant Blechschrauben auf dem oberen Rahmen festgeschraubt.

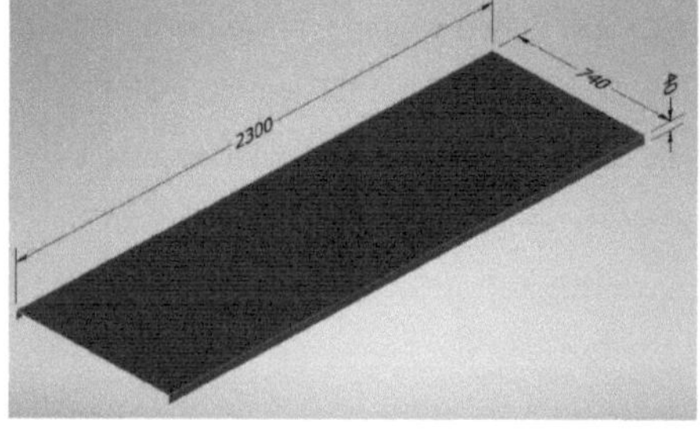

Abb. 42 Abdeckung

i) Strahlen und Lackieren

Nachdem alle Arbeiten an der Hebebühne abgeschlossen sind, können die einzelnen Bauteile aus dem S235JR Stahl zum Lackieren vorbereitet werden. Da diese jedoch unbehandelt und somit eine Zunderschicht sowie Oxidationseinflüsse auf der Oberfläche besitzen, gilt es diese zu entfernen.

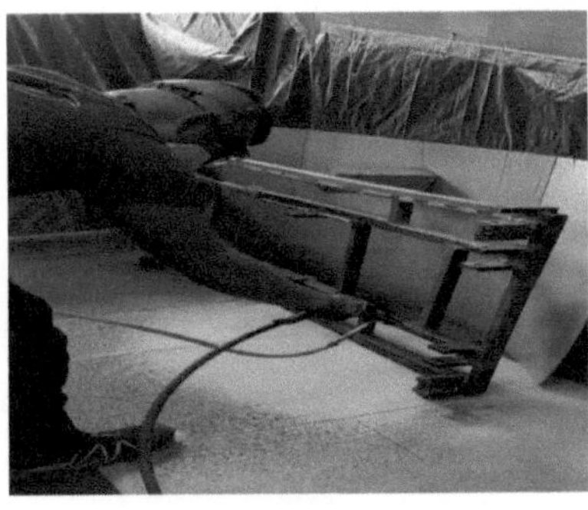

Abb. 43 Strahlen der Bauteile

Die Behandlung erfolgt zunächst durch Strahlen mit Mehrweg-Strahlmittel-Normalkorund. Der Vorteil vom Strahlen gegenüber z.B. dem Anschleifen von Hand ist vor allem die einfachere Behandlung in den Ecken und schwer zu erreichenden Stellen der Bauteile. Durch Einsatz des Mehrweg-Korunds kann dieser mehrfach verwendet werden. Das Strahlen der Bauteile erfolgt in einem Container auf einer Plane, wie in Abb. 43 zu sehen ist. Nachdem alle Teile aus dem S235JR Stahl von Zunder und Oxidationen befreit sind, können diese mit Druckluft abgeblasen und anschließend mit Verdünnung gereinigt werden.

Abb. 44 Grundierung der Bauteile

Damit die Bauteile vor Oxidation geschützt sind, werden diese zunächst grundiert, ersichtlich in Abb. 44. Sobald die Grundierung getrocknet ist, können die Rahmen Teile und die Hebelarme lackiert werden. Die lackierten Teile der Hebebühne sind in Abb. 45 zu sehen.

Abb. 45 Lackierung der Bauteile

5 Gebrauchsanweisung

5.1 Heben

Zum Aufnehmen eines Zweirades ist die Hebebühne in die unterste Position zu fahren. In dieser Stellung kann das Zweirad über die Auffahrrampe auf die Arbeitsplattform geschoben werden. Das Zweirad wird mit dem Vorderrad in die Rad-Wippe geschoben und mittels Spanngurt an den Ösen am oberen Rahmen gesichert. In diesem Zustand kann das Fahrzeug angehoben werden. Bei erreichter Arbeitshöhe wird die Hebebühne mechanisch gegen Absturz durch Ausklappen und Positionieren der Stütze gesichert.

5.2 Parken / Absetzen

Die Hebebühne ist mittels der Stütze zu parken bzw. abzusetzen. Die Abstellstütze kann nach Herunterklappen zum einen durch Verändern der Höhe mit dem Sicherungsbolzen und zum anderen durch die integrierte Spindel eingestellt werden. Der Antrieb der Spindel erfolgt entweder mit einer Kurbel oder durch Einsatz eines Schlagschraubers. Die Höhenverstellung über die Spindel ermöglicht eine feinere Einstellung gegenüber der Veränderung durch den Sicherungsbolzen. Das Parken und Absetzen sichern die Hebebühne somit mechanisch gegen Absturz.

5.3 Absenken

Das Absenken der Zweirad-Hebebühne darf nur dann erfolgen, wenn sich keine Personen unter der Hebebühne und in deren Umgebung aufhalten. Weiterhin dürfen keine Gegenstände unter der Hebebühne sein. Um die Hebebühne abzusenken, muss die Bühne leicht mit dem Fußpedal zum Heben angehoben werden, sodass die Abstellstütze eingefahren und weggeklappt werden kann. Dann kann das Fußpedal zum Senken betätigt werden. Die Fahrschiene bewegt sich nun nach unten. Nachdem die Hebebühne vollständig abgesenkt ist, kann das Zweirad aus der Rad-Wippe und von der Arbeitsplattform geschoben werden.

6 Kostenaufstellung

Tabelle 2 Kostenaufstellung

Bauteile	Halbzeugnisse/Fertigzeugnisse	Stückzahl	Preis
Rahmen	Quadratisches Hohlprofil 30 x 30 x 2 mm Länge: 1500 mm	18	84,60 €
Hebelarme	Rechteckiges Hohlprofil 50 x 30 x 4 mm Länge: 1000 mm	4	34,40 €
	Rechteckiges Hohlprofil 80 x 40 x 3 mm Länge: 1000 mm	2	19,08 €
	Stahlrohr 22 x 4 mm Länge: 500 mm	1	12,65 €
	Stahlrohr 25 x 3 mm Länge: 750 mm	1	9,46 €
	Stahlrohr 35 x 4 mm Länge: 750 mm	1	17,75 €
Lagerhalter	Flachstahl 50 x 15 Länge: 1500 mm	1	16,80 €
Lagerbolzen	V2A Rundstahl $\varnothing$ = 14 mm Länge: 1500 mm	1	13,23 €
(Pumpe)	V2A Rundstahl $\varnothing$ = 25 mm Länge: 500 mm	1	14,07 €
Welle	V2A Rundstahl $\varnothing$ = 18 mm Länge: 500 mm	1	7,09 €
Abdeckblech	Aluriffelblech	1	130 €
Hydraulik-Fuß-pumpe (inkl. Bauteile zum Heben und Senken)	Feder am Pedalgestänge Heben	1	8,90 €
	Gestänge zum Pumpenkolben	1	6,90 €
	Pedalgestänge Heben	1	12,90 €
	Pedal zum Heben	1	16,90 €

	Gestänge zum Ablassventil	1	5,90 €
	Pedalgestänge Senken	1	12,90 €
	Pedal zum Senken	1	12,90 €
	Hydraulik-Fußpumpe	1	96,30 €
Heberollen	Rollen	4	54,90 €
	Flachstahl 50 x 6 mm Länge: 2000 mm	1	10,60 €
Abstellstütze		1	61,79 €
Radwippe		1	64,99 €
Auffahrrampe		1	32,90 €
Summe:			**757,91 €**

7 Fazit

Mit den Ergebnissen der Projektarbeit wurden die gestellten Ziele erreicht und die Bearbeitung des Themas erfüllt. Die auf den vorherigen Seiten zu sehende Zweirad-Hebebühne wurde erfolgreich nach den notwendigen Berechnungen zur Profildimensionierung konstruiert und anschließend angefertigt.

Die maximale Belastung mit 250 kg hat im Versuchsprozess die Berechnungen zur Profildimensionierung auf Richtigkeit bestätigt

Während des Fertigungs- und Versuchsprozesses stellten sich zwei Erkenntnisse heraus. Zum einen die nicht bedachte Krafteinwirkung auf die Lagerung der Hydraulik-Fußpumpe, welche eine zu hohe Biegespannung erzeugte. Somit reichte die Biegefestigkeit für das quadratische Hohlprofil nicht aus. Zur Versteifung und somit zur Erhöhung des Widerstandmoments wurde hierfür der 35 x 8 mm Flachstahl seitlich an die beiden Hohlprofile verschweißt. Die zweite Erkenntnis war die falsche Betrachtung des notwendigen Hebelweges bei den Betätigungs-Hebelarmen. Bei den Berechnungen der Kräfte und der Hebelwege erfolgte hierbei die Betrachtungsweise eines einseitigen Hebels. Die richtige und zielführende Betrachtung ist jedoch die eines Winkelhebels aufgrund der Angriffspunkte und Wirrichtungen durch die Belastung und die Kraft der Hydraulik-Fußpumpe. Der Abstand vom Drehpunkt zum Kraftangriffspunkt durch den Zylinder am Hebelarm zu gering war und in diesem Punkt nur ca. 40 mm statt den notwendigen 100 mm. Daher kam es zu einem Schnappmoment beim Anheben, worauf die Höhe des Startpunktes erhöht wurde. Diese Erhöhung des Startpunktes verringert außerdem die Krafteinwirkungen auf die einzelnen berechneten Komponenten, was eine erhöhte Sicherheit der zuvor berechneten Bauteildimensionierungen zur Folge hat.

Bei der Fertigung der Hebebühne spielte ein hohes Maß an Präzision eine sehr wichtige Rolle, da sowohl der Verzug beim Schweißen beachtet werden musste, als auch die exakte Fertigung der Bohrungen sowie das Zusägen. Zur Verhinderung des Verzugs wurden die Bauteile bestmöglich gespannt, jedoch wäre dabei der Einsatz eines Lochschweißtisches ein erheblicher Vorteil gewesen. Dieser hätte es ermöglicht an jeder beliebigen Stelle die zu schweißenden Bauteile zu Spannen und somit gegen Verzug zu sichern.

Trotz der entstandenen Schwierigkeiten konnte die Funktionsfähigkeit bei einer Belastung von 250 kg erreicht werden. Außerdem wurde somit neues Wissen erlangt bezüglich der wirkenden Kräfte.

Bei einem weiteren Bau einer Hebebühne können in Folge der erlangten Erkenntnisse diese im Vorfeld beachtet werden und die richtigen notwendigen Berechnungen zur Bauteildimensionierung durchgeführt werden.

8   Literaturverzeichnis

1. Verlag Europa-Lehrmittel, „Tabellenbuch Metall", 48. Auflage 2019, ISBN: 978-3-8085-1728-4

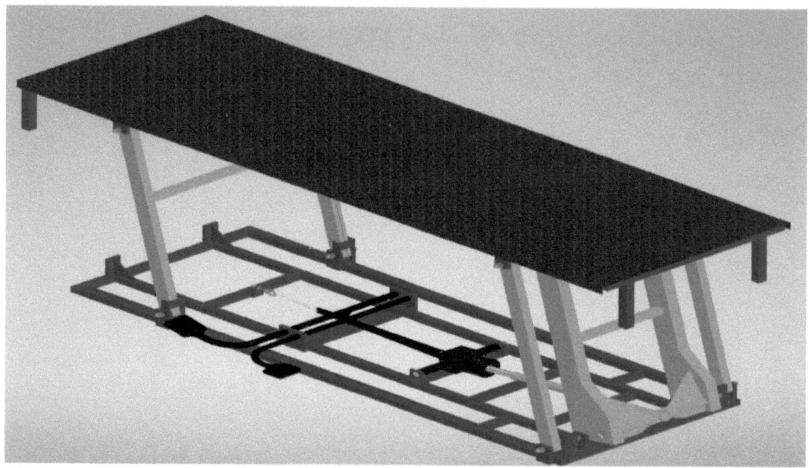

Abb. 46 Hebebühne konstruiert

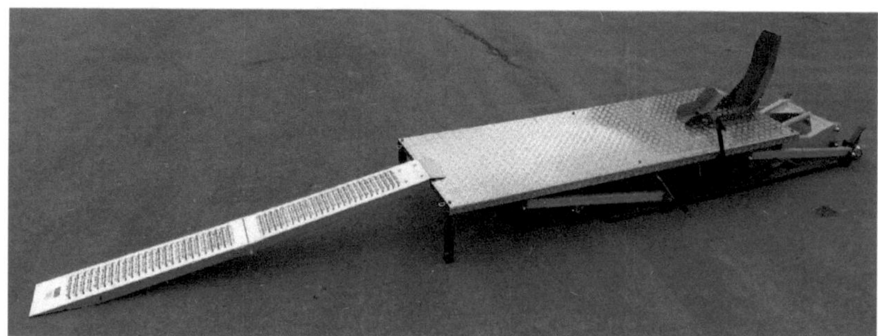

Abb. 47 Hebebühne mit Auffahrrampe

Abb. 48 Betätigungshebel zum Heben und Senken

Abb. 49 Radwippe zur Fixierung des Vorderrades

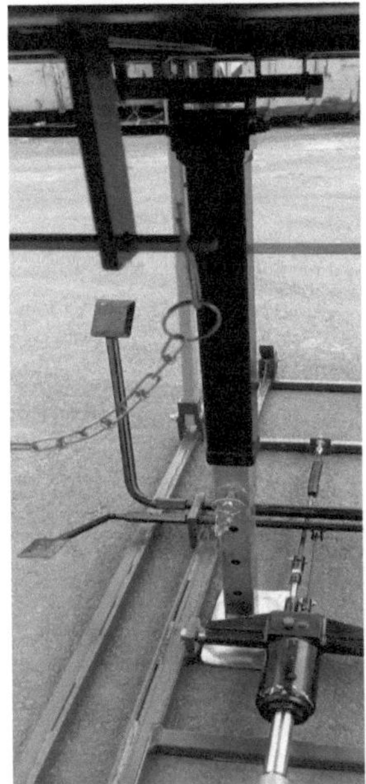

Abb. 50 Abstellstütze

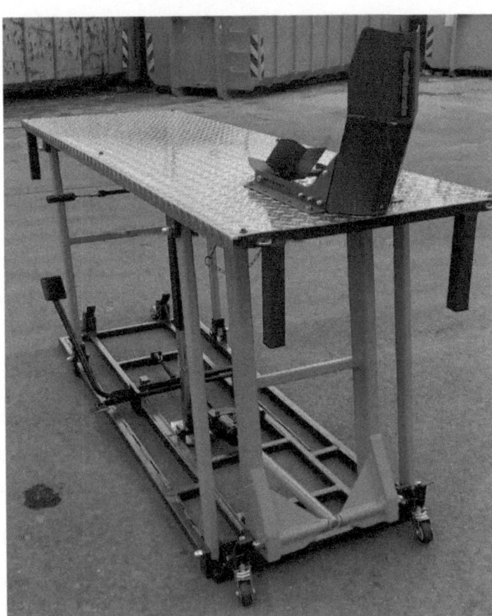

Abb. 51 Hebebühne angehoben

Abb. 52 Abstellstütze weggeklappt

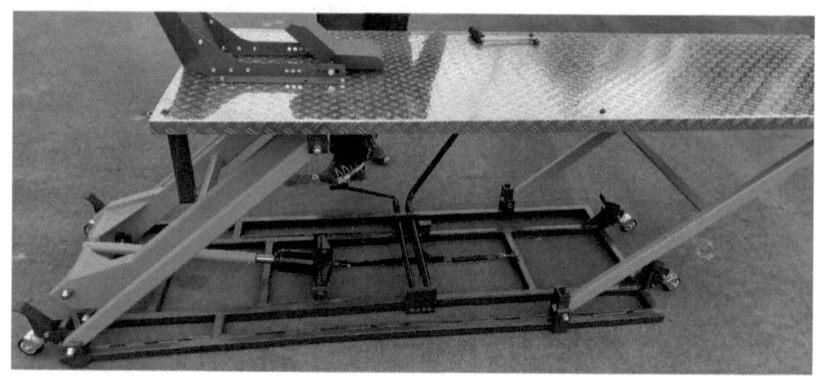

Abb. 53 Absenken der Hebebühne

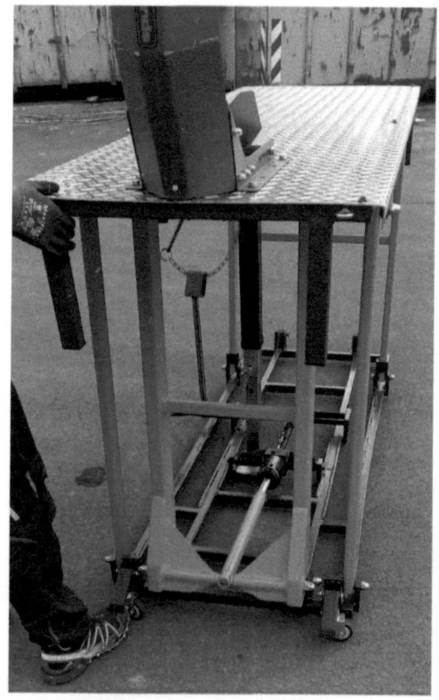

Abb. 54 Betätigung der Heberollen